BEI GRIN MACHT SICH IHR WISSEN BEZAHLT

- Wir veröffentlichen Ihre Hausarbeit,
  Bachelor- und Masterarbeit

- Ihr eigenes eBook und Buch -
  weltweit in allen wichtigen Shops

- Verdienen Sie an jedem Verkauf

Jetzt bei www.GRIN.com hochladen
und kostenlos publizieren

Alona Gordeew

Moore und Sümpfe - Entstehung und Klassifikation

GRIN Verlag

Bibliografische Information der Deutschen Nationalbibliothek:

Die Deutsche Bibliothek verzeichnet diese Publikation in der Deutschen National-
bibliografie; detaillierte bibliografische Daten sind im Internet über http://dnb.d-
nb.de/ abrufbar.

Impressum:

Copyright © 2006 GRIN Verlag, Open Publishing GmbH
Druck und Bindung: Books on Demand GmbH, Norderstedt Germany
ISBN: 978-3-640-82599-8

Dieses Buch bei GRIN:

http://www.grin.com/de/e-book/166506/moore-und-suempfe-entstehung-und-
klassifikation

Inhaltsverzeichnis

1. Einleitung

Jeder kennt den Begriff Moor aus dem täglichen Sprachgebrauch. Doch schon bei der Unterscheidung zwischen Moor und Sumpf wird einem bewusst, dass man nur oberflächlich beantworten kann, was ein Moor ist und, dass sich die eigene Kenntnis auf ein Minimum beschränkt. Eher bestimmen vage Beschreibungen aus Märchen das Bild, das man von einem Moor hat. In ihnen wird das Moor als ein getränkter Untergrund geschildert, der Menschen verschlucken kann. Dem Moor wird mit seinem Nebel etwas Mystisches und Geheimnisvolles zugesprochen. In alten germanischen Sagen sollen dort „böse Geister" gelebt haben. Dies sind jedoch nur Mythen, die entstanden sind, unter anderem, weil das Moor ein schwieriges Verkehrshindernis in vergangenen Tagen darstellte. Richtig jedoch ist, dass das Moor ein feuchter Lebensraum, ein „Zwischending" zwischen nassem Boden und einem See ist und, dass es keinen festen Untergrund hat. Doch selbst wenn man ein Moor mit eigenen Augen gesehen hat, ist einem nicht ganz klar, was genau ein Moor ist.

Dabei ist das Moor ein verbreiteter Landschaftstyp in unseren Breiten, über den sich der Mensch schon in der Vergangenheit Gedanken gemacht hat. So fragte sich der Holländer H. Degner schon 1729, „ob der Torf etwa Faulholtz sey" oder „ob er Erde sey" (OVERBECK 1975, 24).

Um hinter das Geheimnis des Moores zu kommen, werde ich mich in dieser Hausarbeit damit beschäftigen, was ein Moor ist und wie es entsteht. Des weiteren führe ich aus, wie und nach welchen Kriterien man die einzelnen Moortypen klassifiziert. Daraufhin stelle ich ein Schema vor, das die beiden gängigen Klassifikationsformen vereint. Zuletzt geh ich auf die unverantwortliche Moornutzung in der Vergangenheit ein, erkläre, warum man Moore erhalten muss und stelle einige Projekte vor, die dies zum Ziel haben.

2. Definition Moor

Moore sind nasse Lebensräume, die über einem undurchlässigen Untergrund entstehen, in den das Wasser nicht abfließen kann. Neue Wasserzufuhr (z.B. durch Regen oder durch Untergrundströme) bewirkt einen Wasserüberschuss – eine positive Wasserbilanz. Da der Sauerstoffgehalt in diesen Gewässern dauerhaft einen bestimmten Wert unterschreitet, wird die natürliche Zersetzung von organischen Stoffen behindert. (DIERSSEN / DIERSSEN 2001, 8)

Abbildung 1: Kaum zersetzter Torf eines Braunmooses eines Basen-Zwischenmoores (Quelle: JESCHKE / SUCCOW 1986, 53).

Dadurch werden organische Reste nicht vollständig abgebaut und es entsteht so genanntes Torf. Eine mindestens 30 cm starke Schicht oder Schichtfolge von Torfen gilt als Moor. Dies macht auch den Unterschied zu einem

Sumpfgebiet aus. Als einen Sumpf bezeichnet man ein permanent unter Wasser stehendes Gebiet, das jedoch keine Torfbildung aufweist, da der Sauerstoffgehalt eine Zersetzung organischer Substanz zulässt (GERKEN 1983, 42).

Dadurch, dass in einem Moor mehr organische Substanzen gebildet als zersetzt werden, nimmt es eine Sonderstellung in den Stoffkreisläufen der Natur ein. Die Torflagen der Moore stellen gewaltige Kohlenstoffvorräte dar. Somit beherbergen sie über Jahrtausende gespeicherte Energie. (JESCHKE / SUCCOW 1986, 20f.)

Eine zweite Sonderstellung nehmen sie im Wasserkreislauf ein. 95 % ihres Volumens bestehen aus Wasser, nur 3 bis maximal 10 % machen Feststoffe aus. In ihnen sind enorme Wassermengen gespeichert, die allein durch die fossilisierten pflanzlichen Strukturen zusammengehalten werden, weswegen sie oft mit einem Schwamm verglichen werden (JESCHKE / SUCCOW 1986, 21 f.). Aufgrund von Herkunft und Nährstoffgehalt des Wassers, Vegetation, Torfbeschaffenheit sowie Gestalt des Moores unterscheidet man verschiedene Moortypen. (vergleiche Seite ...)

3. Verbreitung der Moore

Moore können sich dort entwickeln, wo reichlich Niederschlag und geringe Verdunstung zusammentreffen. Eine weitere Voraussetzung für eine positive Wasserbilanz sind wasserundurchlässige Böden oder entsprechend dichtes Gestein. Diese begünstigenden Bedingungen findet man stellenweise fast überall vor, jedoch sind zu trockene Gebiete wie die Sahelzone davon ausge-schlossen. Doch auch zu kaltes Klima wirkt sich ungünstig auf die Moor-entstehung aus. So trifft man nördlich der Baumgrenze auf große Flächen vermoorten Landes, dort sind die Torfdecken jedoch sehr dünn, da sich das Torf aufgrund der Kälte sehr langsam bildet. (JESCHKE / SUCCOW 1986, 178).

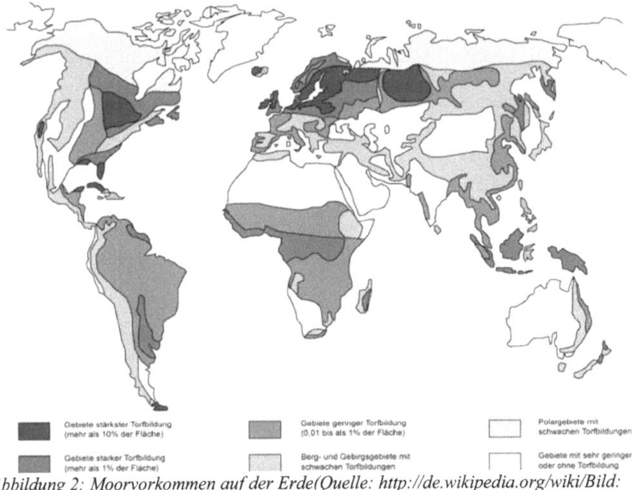

Abbildung 2: Moorvorkommen auf der Erde(Quelle: http://de.wikipedia.org/wiki/Bild: Moorverbreitung.png Stand 01.06.2007 nach JESCHKE / SUCCOW 1986, 180 f.).

Weltweit bedecken Moore eine Fläche von etwa 4 Millionen km² und zwar zum größten Teil in der borealen Zone (Taigagürtel). (DIERSSEN / DIERSSEN 2001, 8)

Die stärkste Torfbildung findet jedoch in den gemäßigten Klimazonen statt, insbesondere in Mitteleuropa. Die an Mooren reichsten Gebiete in Deutschland sind die Norddeutsche Tiefebene und das Alpenvorland. Zahlreiche meist kleine und isolierte Moorvorkommen finden sich noch im Mittelgebirge und den Alpen. (GERKEN 1983, 15).

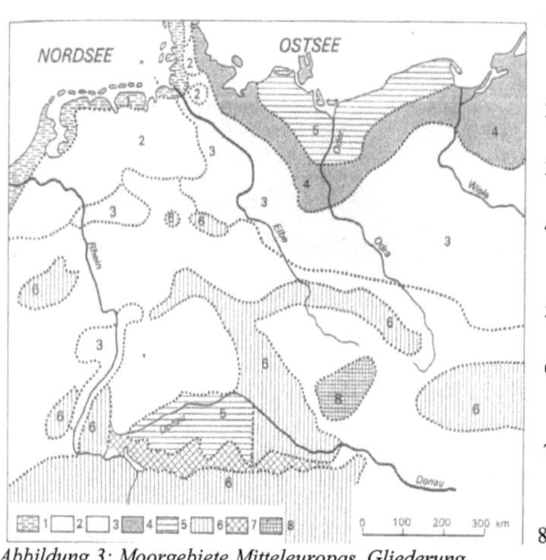

Abbildung 3: Moorgebiete Mitteleuropas. Gliederung Mitteleuropas nach vorherrschenden hydrologischen Moortypen. (Quelle: JESCHKE / SUCCOW 1986, 33)

1   Landschaften mit dominierendem Auftreten von Küstenüberflutungsmooren

2   Landschaften mit dominierendem Auftreten von Küstenregenmooren

3   Landschaften mit dominierendem Auftreten von Versumpfungsmooren

4   Landschaften mit dominierendem Auftreten von Verlandungs- und Kesselmooren

5   Landschaften mit dominierendem Auftreten von Durchströmungsmooren

6   Landschaften mit dominierendem Auftreten von Gebiergsregenmooren und Hangmooren

7   Landschaften mit dominierendem Auftreten von Verlandungs- und Gebirgsregenmooren

8   Landschaften mit dominierendem Auftreten von Versumpfungs- und Hangmooren

weiss   Landschaften mit einem Mooranteil unter 1%

4. Entstehung der Moore

Moore entstehen auf zwei Weisen; sie bilden sich bei der Verlandung von Gewässern oder durch die Versumpfung von terrestrischen Lebensräumen. Bei der Verlandung füllt sich ein Wasserkörper zunächst mit Seesedimenten, d.h. organischen Teilchen, die sich in einem See durch die natürliche Vegetation bilden oder aus dem Einzugsgebiet hinzugeführt werden. Diese sinken unter dem Einfluss der Schwerkraft und anderen Kräften auf den Grund des Sees. Reicht der Sauerstoffgehalt im Gewässer nicht aus um diese organischen Substanzen abzubauen, lagern sie sich ab. Diese Ablagerungen werden als Torfe bezeichnet.(DIERSSSEN / DIERSSEN 2001, 9)

Mineralböden versumpfen, wenn an einem Standort das Grundwasser ansteigt oder der Abfluss, bzw. die Verdunstung sich verringern. Bei hoch stehendem Wasser werden die organischen Substanzen im Wasser mangels Sauerstoffs unvollständig zersetzt, was wiederum zu Torfbildung führt.(DIERSSREN / DIERSSEN 2001, 9)

Ist erstmal ein Torfkörper entstanden, kann er bei kontinuierlicher Wasserversorgung nach außen hin expandieren. Der jährliche Torfzuwachs der Moore in Mitteleuropa beträgt 0,5 bis 1,5 mm. (JESCHKE / SUCCOW 1986, 21). Große Moore haben also für ihre Bildung mehrere Jahrtausende benötigt.

Zudem ist auch die Art der Wasserversorgung entscheidend bei der Moorbildung. Wenn das Moor nur von nährstoffarmem Regenwasser gespeist wird, bewachsen Torfmoose das Gebiet. Denn diese können selbst in geringster Konzentration vorkommende Nährstoffe aufnehmen und sich deshalb in dieser Umgebung durchsetzen. Im Gegenzug geben sie Wasserstoffionen an die Umgebung ab, womit sie sich selbst ein saures Milieu schaffen, das Konkurrenten im Wuchs behindert (DIERSSEN / DIERSSEN 2001, 9). Torfmoose können praktisch unbegrenzt wachsen. Während sich die Pflanze nach oben hin entwickelt, stirbt die Basis wegen des Luftabschlusses ab; aus dem

Abbildung 4: Bunte Torfmoos-Gesellschaft in einem Hochmoor (Quelle: http://de.wikipedia.org/wiki/Bild:Bunte_ Torfmoosgesellschaft.jpg).

sich unvollständig zersetzenden Gewebe entsteht Torf. Dadurch, dass sie wie Schwämme das Niederschlagswasser aufsaugen, wölbt sich das ganze Moor – daher der Name „Hochmoor". Torfmoose sind also typisch für nährstoffarme, regengespeiste Moore.

Wenn das Gebiet nicht nur von Regenwasser gespeist wird, sondern zusätzlich durch eine Quelle, Grundwasser oder anderweitig von nährstoffreicherem Wasser getränkt wird, setzen sich andere Pflanzen besser durch, wie beispielsweise die Erle, die Röhrichte und die Großseggenriede. In der Regel gilt: je nährstoffreicher ein Moor, desto größer ist seine Pflanzenvielfalt. Der Anteil des nährstoffreichen und nährstoffarmen Wassers und das pH-Milieu bestimmen somit die weitere Entwicklung, die Pflanzenwelt und die Form eines Moores.

5. Klassifikation von Mooren

Ursprünglich wurden die Moore in Hoch-, Nieder- und Zwischenmoore eingeteilt. Doch dieses Schema wurde erweitert, um der Vielfalt der Moorformen, der Entstehungsarten, der verschiedenen Stoffhaushalte und der Pflanzen- und Tierwelt besser gerecht zu werden. Kriterien sind sowohl der Nährstoffgehalt und der pH-Wert des Moorwassers, als auch die Art und Weise der Wasserversorgung und die Entstehungsgeschichte. So können Moortypen nach ökologischen oder hydrologischen Merkmalen unterschieden werden.

5.1 Ökologische Moortypen

Für die natürliche Vegetation eines Moores haben die Nährstoffverhältnisse (Trophie) und die Säure-Basen-Verhältnisse (pH-Wert, Basensättigung) entscheidende Bedeutungen. Entsprechend dieser Variablen des Wassers, das das Moor ernährt, können Moore sich verschieden ausbilden. Da die Produktion des Torfkörpers durch die Moorvegetation bestimmt wird, kann der ökologische Moortyp durch die lebende Vegetation als auch durch die Torfarten klassifiziert werden.

5.1.1.Nährstoffverhältnisse (Trophiestufe)

Hierfür wird der Stickstoffgehalt im Torfsubstrat bezogen auf den Kohlenstoffgehalt gemessen. Dieser Nc-Wert gilt als besonders aussagekräftig.

Böden mit Nc-Werten unter 3 % sind Stickstoffarm (oligotroph), bei den mesotrophen Mooren betragen sie 3- 4,9 %, bei den den eutrophen Mooren liegen sie zwischen 4,9 und 10 % und bei den polytrophen Mooren über 10%. Dementsprechend werden sie in Armmoore, Zwischenmoore und Reichmoore eingeteilt. (JESCHKE / SUCCOW 1986, 28).

5.1.2 Säure-Basen-Verhältnis des Moorwassers

Bei sauren Mooren liegen die pH-Werte unterhalb von 4,8; schwach saure (subneutrale) Moore haben pH-Werte von 4,8 bis 6,4. Bei den alkalischen Mooren liegen die pH-Werte oberhalb von 6,4 bis maximal 8. Saure Moore werden als Sauermoore, subneutrale als Basenmoore und neutrale bis alkalische Moore als Kalkmoore (in der Regel kalkhaltig) bezeichnet. (JESCHKE / SUCCOW 1986, 28).

Die Verbindung von Trophiestufe und Säurebasestufe ergibt somit 9 Kombinationsmöglichkeiten. Durch Befunde kann man sie jedoch auf 5 ökologische Moortypen reduzieren:

5.1.3 oligotroph-saure Moore = (Sauer-) Armmoore = Hochmoore

Bei den Armmooren handelt es sich weitgehend um allein regengespeiste Moore, die sich durch ihre Nährstoffarmut kennzeichnen. Nach der älteren Klassifikation wären dies die Hochmoore. Charakteristisch sind die Torfmoose. (JESCHKE / SUCCOW 1986, 28).

5.1.4 mesotroph-saure Moore = Sauer-Zwischenmoore

Diese werden durch saures Mineralbodenwasser gespeist und haben somit einen relativ hohen Elektrolytgehalt und eine etwas bessere Stickstoffversorgung. In niederschlagsreichen Gebieten können sich aus diesen Mooren Armmoore entwickeln. In niederschlagsärmeren Landschaften bleiben sie dagegen immer Sauer-Zwischenmoore. Die natürliche torfbildende Vegetation besteht insbesondere aus der toorfmoosreichen Seegenrinde, der toorfmoosreichen Feinseggentorfe, Blasenbinsentorfe und auch Birkenbruchtorfe. (JESCHKE / SUCCOW 1986, 29f.).

<u>5.1.5 mesotroph-subneutrale Moore (unter Einschluss oligotroph-subneutraler Standortkomplexe) =</u>
<u>Basen-Zwischenmoore</u>

Sie treten am häufigsten im Osten Mitteleuropas auf. Dieser Moortyp ist besonders vom Ausssterben bedroht, da sich derartige Moore durch allgemeine Nährstoffbelastung oder Entwässerungen in Niedermoore umwandeln oder sich durch Versauerung zu Hochmooren weiterentwickeln. Die natürliche torfbildende Vegetation ist besonders durch braunmosreiche Seggenrieden geprägt. Als Torfarten treten vor allem Feinseggentorfe und Braunmoostorfe sowie schilfhaltige Feinseggentorfe auf. (JESCHKE / SUCCOW 1986, 30).

<u>5.1.6 mesotroph-kalkhaltige Moore (unter Einschluss oligotroph-kalkhaltiger Standortkomplexe) =</u>
<u>Kalk-Zwischenmoore</u>

Diese sind heute in Mitteleuropa ebenfalls relativ selten und durch Nährstoffanreicherung weitgehend in Niedermoore übergegangen. Sie kommen insbesondere in Kalkgebieten und kalkreichen Jungmoränenlandschaften vor. Die abgelagerten Torfe sind in der Regel kalkhaltig und oft hoch zersetzt. Häufig auftretende Torfe stellen Schneidentorfe und Braunmoostorfe dar. (JESCHKE / SUCCOW 1986, 30).

<u>5.1.7 eutrophe Moore (in Vereinigung von subneutralen, kalkhaltigen und sauren Mooren) =</u>
<u>Reichmoore = Niedermoore</u>

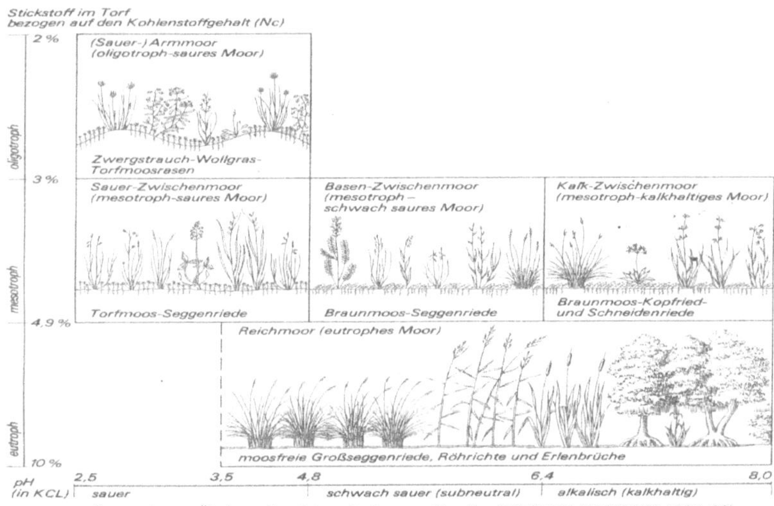

Abbildung 5: Übersicht zur Ökologischen Moorgliederung. (Quelle: JESCHKE / SUCCOW 1986, 29). 6

Dies ist der gegenwärtig häufigste noch wachsende Moortyp. In der Naturlandschaft waren Niedermoore sehr viel seltener. Häufig befinden sie sich an Überflutungs- und Küstenregionen. Die natürliche torfbildende Vegetation besteht aus dichten Großröhrichten, Großseggenrieden und Erlenbrüchen. Auf durch Salzwasser beeinflussten Küstenstandorten lagern sich spezielle Salzwiesentorfe ab.(JESCHKE / SUCCOW 1986, 30).

<u>**5.3. Hydrologische Moortypen:**</u>

Bei dieser Klassifikation nach Kulczynski betrachtet man vor allem die hydrologischen Bedingungen, welche die Entstehung und Entwicklung eines Moores entscheidend prägen. Nach dieser Einteilung ergeben unterschiedliche Wasserhaushalte unterschiedliche Moortypen; so werden besonders das Verhältnis zwischen Niederschlag und Verdunstung, aber auch die Dauer und das Eindringen des Bodenfrostes näher betrachtet. Hinzugezogen werden auch die Eigenschaften des Mooruntergrundes und die Relief- sowie Bodenverhältnisse der Moorumgebung, woraus sich der Wasserabfluss, bzw.-zufluss ergibt.

Weiterhin wird in primäre und sekundäre Moorentwicklungsstufen unterschieden. Nummer 1 bis 6 sind primäre Moorentwicklungsstufen, die letzten zwei sekundäre, d.h. sie entwickeln sich aus den primären bei Veränderung ihres Wasserregimes.(JESCHKE / SUCCOW 1986, 32).
So ergibt sich folgende Klassifikation:

<u>5.3.1.Regenmoore (auch Hochmoore genannt)</u>

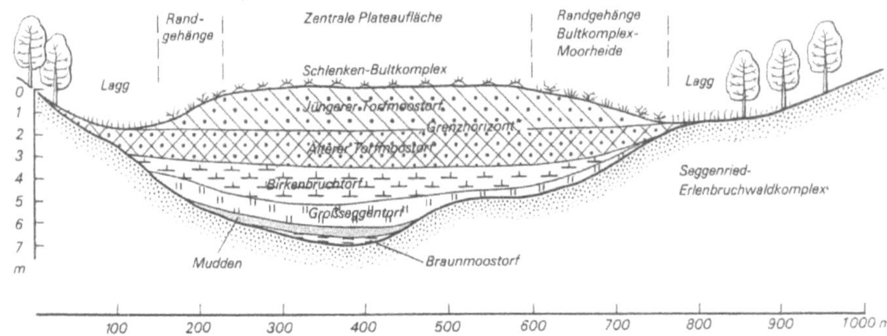

Abbildung 6: Profilschnitt durch ein Plateauregenmoor im nordwestlichen Mitteleuropa. (Quelle: JESCHKE / SUCCOW 1986, 66).

Diese können sich direkt als primäre Moore auf mineralischem Untergrund entwickeln, trotzdem entstehen sie meist auf Verlandungs-, Versumpfungs- oder Hangmooren (als sekundäre Moore) oder wachsen auch auf Durchströmungs und Kesselmooren (als tertiäre Moore) auf. Sie heben sich von all den anderen Moortypen darin ab, dass sie nur von Regenwasser gespeist werden und deswegen sehr nährstoffarm sind. Ihre wichtigste Pflanzenart ist das Torfmoos, das nach unten hin abstirbt und dessen Zellen sehr viel Wasser aufsaugen können. Dadurch lässt es den Wasserspiegel im Moor steigen. Durch die Unabhängigkeit der Moore von einer Untergrundwasserzufuhr und vom Oberflächenwasser aus der Umgebung (da sie einen höheren Wasserspiegel als die Umgebung haben, fließt kein Oberflächenwasser in Hochmoore) sind sie ein selbstregulierender und erhaltender Wasserhaushalt mit immer positiver Wasserbilanz. (JESCHKE / SUCCOW 1986, 65 f.).

<u>5.3.2 Versumpfungsmoore</u>

Sie entstehen durch einen Grundwasseranstieg in flachen Landschaften oder bei Überflutungen außerhalb der natürlichen Überflutungsgebiete. Deswegen dehnen sie sich oft weit aus. Jedoch verfügen sie durch diese natürlichen Wasserpegelschwankungen nur über eine dünne Torfschicht. Sie machen etwa ein Drittel der Moorfläche in Mitteleuropa aus. (JESCHKE / SUCCOW 1986, 33 ff.).

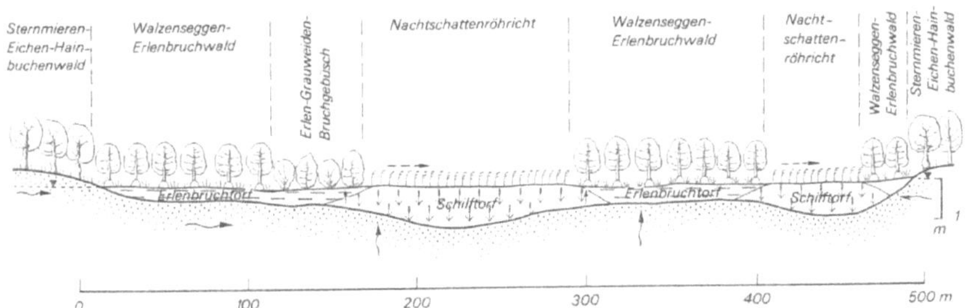

Abbildung 7: Profilschnitt durch ein nährstoffreiches Versumpfungsmoor in jungpleistozänem Talsandgebiet. (Quelle: JESCHKE / SUCCOW 1986, 37).

<u>5.3.3 Hangmoore</u>

Ihre Torfbildung entwickelt sich an geneigten Mineralbödenhängen durch ständig zulaufendes Hangwasser. Ein Großteil dieser Moore ist erst in der mittelalterlichen Rodungsphase entstanden. Die Rodung von Wäldern und die Anlage von Wiesen und Weiden mit einer im Vergleich zum Wald wesentlich geringeren Verdunstung bildeten den Ausgangspunkt für Hangvermoorungen. Die in den Alpen bis in Höhenlagen von über 2000m auftretenden Hangmoore sind dagegen ohne Einfluss des Menschen entstanden. (JESCHKE / SUCCOW 1986, 37 f.).

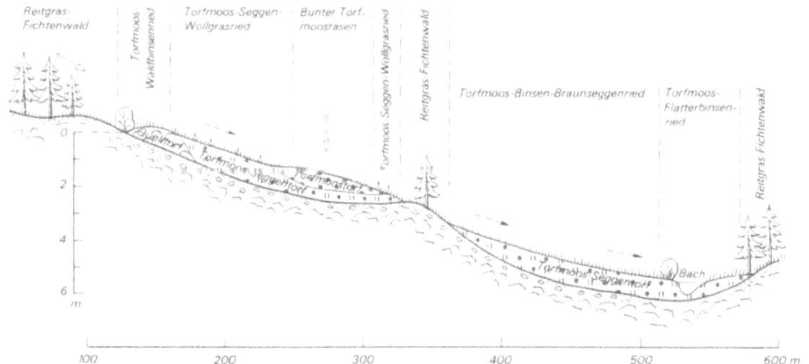

Abbildung 8: Profilschnitt durch ein mäßig nährstoffarm-saures Hangmoor im Kristallin der Mittelgebirge. (Quelle: JESCHKE / SUCCOW 1986, 38).

5.3.4 Quellmoore

Sie gehören zum charakteristischen Bestandteil der Landschaften der Mittelgebirge und des Hügellandes und entstehen dort, wo ein Quellwasserstrom aus dem Mineralboden tritt. Sie wachsen entsprechend der Wasserquelle, punkt- oder linienförmig über den Grundwasseraustrittsstellen. Diese können auch bis zu 10m hohe Wasserblasen inmitten vermoorter Niederungen hervorrufen und stehen deswegen häufig in direkter Beziehung zu anderen hydrologischen Moortypen. Ihre Gipfel sind unbetretbar, da dort das Quellwasser austritt. Wegen des hohen Sauerstoffgehaltes des Quellwassers sind Quelltorfe in der Regel sehr stark zersetzt. (JESCHKE / SUCCOW 1986, 38 ff.).

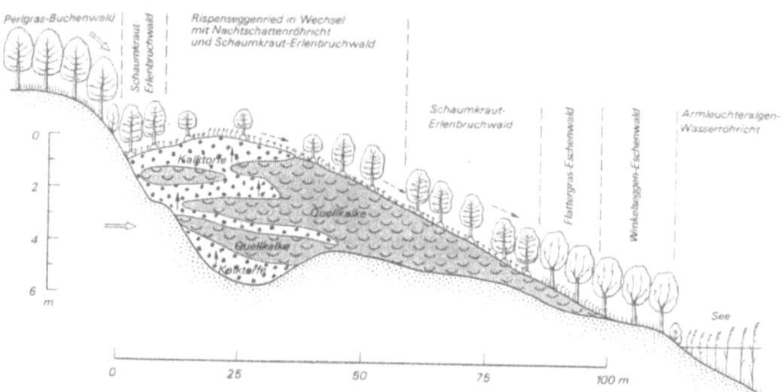

Abbildung 9: Profilschnitt durch ein nährstoffreich-kalkhaltiges Quellmoor an jungpleistozänem Gletscherzungenbeckensee. (Quelle: JESCHKE / SUCCOW 1986, 39).

5.3.5 Überflutungsmoore

Sie entstehen durch organische Ablagerungen an dauerhaft überfluteten Standorten. Dies kann an Meeresküsten oder Flussauen stattfinden. Bei Flussauen können sie durch Trockenperioden auch austrocknen. Oft findet dort eine Vermischung von Torf und Schluff oder Sand statt, der mit der Wasserströmung bei Überflutungen mittransportiert wird. Solche Auenüberflutungsmoore sind in Europa durch die zahlreichen Flussbettlegungsprogramme selten geworden.

Küstenüberflutungsmoore sind vor allem im südlichen Ostseeküstenraum vorzutreffen, wo sie in den Kampfzonen von Meer und Land durch ständige Überflutungen entstanden sind.(JESCHKE / SUCCOW 1986, 40 f.).

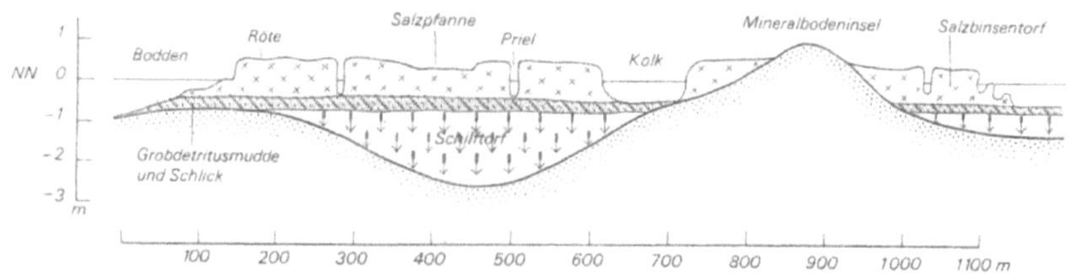

Abbildung 10: Profilschnitt durch ein Küstenüberflutungsmoor an der Ostseeküste. (Quelle: JESCHKE / SUCCOW 1986, 42).

Bei ihnen beginnt die Entwicklung mit der Sedimentation eines Gewässers und endet mit dem Abschluss der Verlandung. Dies geschieht, wenn die Ufervegetation in das Gewässer hineinwächst. Viele Verlandungen sind durch den Menschen bedingt, weil dieser durch Dämme etc. den Wasserspiegel senken lässt. (JESCHKE / SUCCOW 1986. 42 f.).

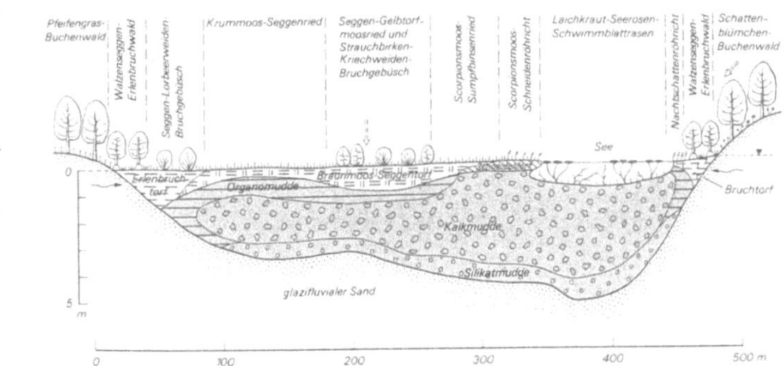

Abbildung 11: Profilschnitt durch ein mäßig nährstoffarm-kalkhaltiges Verlandungsmoor mit Restsee im jungpleistozänen Sander. (Quelle: JESCHKE / SUCCOW 1986, 43).

5.3.7 Durchströmungsmoore

Man findet diese auf geneigten Flächen, in Niederungen und Tälern. Sie gehen aus Versumpfungs-, Hang-, oder Verlandungsmooren hervor, wenn dort das Grundwasser ansteigt und diese Moore durchströmt. Wir begegnen ihnen in Schleswig-Holstein, Mecklenburg und Brandenburg und von den nördlichen Teilen Polens bis weit nach Russland. Dort füllen sie fast sämtliche Talniederungen aus.(JESCHKE / SUCCOW 1986, 45 ff.).

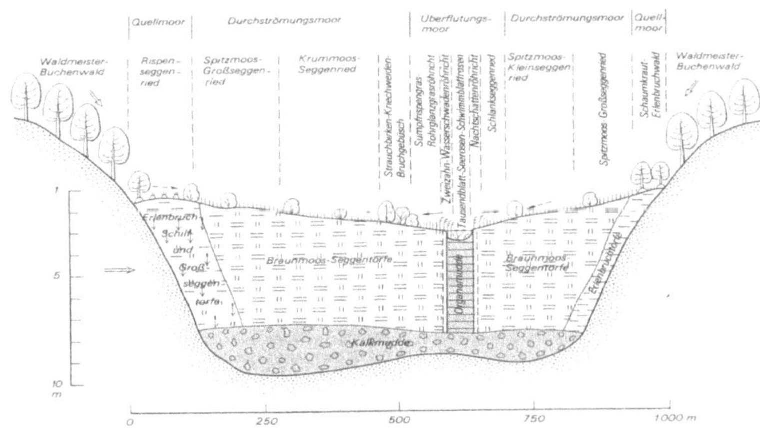

Abbildung 12: Profilschnitt durch ein mäßig nährstoffarm-basenreiches Durchströmungsmoor. (Quelle: JESCHKE / SUCCOW 1986, 46).

10

<u>5.3.8 Kesselmoore</u>

Diese entwickeln sich in der Regel aus Verlandungsmooren und treten oft in Jungmoränenlandschaften und Vulkanlandschaften auf. Sie sind entstanden, als nach der letzten Eiszeit die Gletscher geschmolzen sind und haben in der Regel eine Fläche von weniger als einem ha. (JESCHKE / SUCCOW 1986, 47).

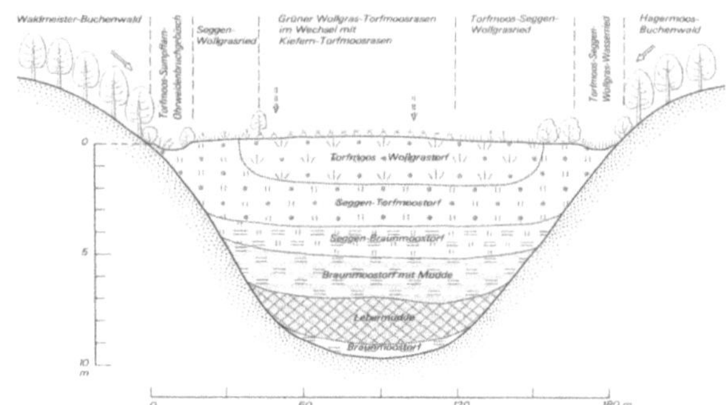

Abbildung 13: Profilschnitt durch ein nährstoffarm-saures Kesselmoor in jungpleistozäner Endmoräne. (Quelle: JESCHKE / SUCCOW 1986, 48).

5.4. Schema aus beiden Klassifikationsformen

Aus der Kombination der beiden Klassifikationen ergeben sich 24 verschiedene Moortypen, in denen Trophie und die Säure-Basen-Verhältnisse sowie ihre Entstehungsgeschichte verarbeitet sind.

Hydrologische Moortypen	Ökologische Moortypen				
	Hochmoore oligotroph-saurer	Sauer-Zwischenmoore mesotroph-sauer	Basen-Zwischenmoore mesotroph-subneutral	Kalk-Zwischenmoore mesotroph-kalkhaltig	Niedermoore eutroph
<u>Quellmoore</u>	-	X	X	X	X
<u>Hangmoore</u>	-	X	X	X	X
<u>Versumpfungsmoore</u>	X	X	-	-	X
<u>Verlandungsmoore</u>	X	X	X	X	X
<u>Überflutungsmoore</u>	-	-	-	-	X
<u>Durchströmungsmoore</u>	-	X	X	X	-
<u>Kesselmoore</u>	X	X	X	-	-
<u>Regenmoore</u>	X	-	-	-	-

Tabelle 1: (Quelle: http://de.wikipedia.org/wiki/Moor Stand: 06.06.2007 nach JESCHKE /SUCCOW 1986, 36).

6. Moornutzung

Moore wurden schon seit geraumer Zeit in Europa genutzt, da das Torf schon sehr früh als guter Brennstoff entdeckt wurde. Jedoch setzte der Torfabbau in großem Umfang erst mit der Industrialisierung ein, nachdem 1842 die Torfstechmaschine erfunden wurde, mit der man Torf großflächig abbauen konnte. In den 1870ern und 1880ern wurde das Torf hochgradig in der Eisen- und Stahlindustrie verfeuert. Ab 1880 wurde es verstärkt auf Äcker als Düngemittel verteilt, um den Ertrag der Ernte zu steigern. Obwohl diese Formen der Torfnutzung bis zum Beginn des 20. Jahrhunderts die Landschaftsgestalt verändert haben, blieben die jährlich abgebauten Torfmengen im Vergleich zu heute gering. Die Entwicklung zu einem fatalen Torfabbau vollzog sich um die Jahrhundertwende, die erst in den 60er Jahren stoppte, weil der Torf im Vergleich zu anderen Brennstoffen zu teuer wurde. (JESCHKE / SUCCOW 1986, 205 ff.) In anderen Ländern wie Finnland und Russland jedoch macht die Torfverbrennung immer noch einen beträchtlichen Teil der Energieversorgung aus. (DIERSSEN / DIERSSEN 2001, 156).

Parallel zu der Torfverbrennung wurden große Flächen von Mooren entwässert, um sie als landwirtschaftliche Nutzflächen zu bebauen. In ihnen steckten die letzten ungenutzten Anbaumöglichkeiten. Dazu wurden Drainagen und Entwässerungskanäle angelegt. Als Folge dieser intensiven Entwässerung und des intensiven Torfabbaus ist jedoch vom Großteil der Moorlandschaft nichts mehr übrig. (DIERSSEN / DIERSSEN 2001, 153). In der norddeutschen Tiefebene sind mehr als 90 % der Moore kultiviert, und der verbliebene Rest ist so stark von außen beeinträchtigt, dass sich nur noch an wenigen Stellen einigermaßen funktionstüchtige Moorkomplexe halten können. (REICHHOLT 1988, 182).

Auf Europa bezogen ergeben sich folgende Zahlen: Von den einstigen Moorlandschaften sind nur noch 40% erhalten – in Deutschland sogar nur 1%. (JOOSTEN / SUCCOW 2001, 407).

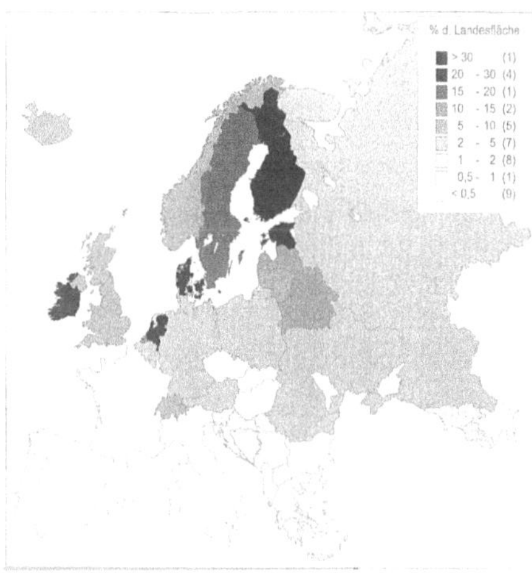

Abbildung 15: Einstiger Flächenanteil wachsender Moore in Europa. (Quelle: JOOSTEN / SUCCOW 2001, 408).

Abbildung 14: Verbliebene Flächen wachsender Moore in Europa. (Quelle:JOOSTEN / SUCCOW 2001, 409).

50% der Landfläche in Deutschland mussten der Landwirtschaft weichen. (JOOSTEN / SUCCOW 2001, 406). Bis heute wird Torf für landwirtschaftliche und gartenbauliche Zwecke genutzt. In Europa enthalten 95% aller im Gartenbau verwendeten Substrate und bodenverbessernde Mittel Torf. (DIERSSEN / DIERSSEN 2001, 156).

7. Gründe für den Moorerhalt

Heutzutage genügen schon 2 Tage Dauerregen, um gefährliche Hochwasser entstehen zu lassen, während hingegen vor der Trockenlegung der Feuchtgebiete und der Regulierung der Flüsse und Bäche diese erst nach mehr als einwöchigem Starkregen zustande gekommen wären. Umgekehrt trocknen die Böden in niederschlagsarmen Perioden schneller aus, weil die früheren Wasserspeicher, die ihr gesammeltes Überschusswasser wohl dosiert abgeben konnten, mit den Mooren verloren gegangen sind. (REICHHOLF 1988, 182).

Des weiteren werden durch das Entwässern von Mooren und durch den Torfabbau die großen Kohlenstoffvorräte freigesetzt. „Die in Torfen Kohlenstoffvorräte vor Beginn der anthropogenen Nutzung werden auf 329 bis 528 Gt geschätzt, die aktuellen auf 234 bis 528 Gt"(DIERSSEN / DIERSSEN 2001, 147). Damit enthalten die Moore derzeit zwischen 12 und 13 % der in Böden vorhandenen Kohlenstoffvorräte.(DIERSSEN / DIERSSEN 2001, 147). Da noch keine eindeutigen Prognosen über die Auswirkungen auf den Treibhauseffekt und das Klima zu treffen sind, falls dieser Kohlenstoff in die Atmosphäre gelangen würde, ist jede Veränderung im Kohlenstoffhaushalt der Erde ein gefährliches Spiel. (DIERSSEN / DIERSSEN 2001, 149).

Ein weiterer Grund ist, dass die Moore zu wichtigen Rückzugsgebieten für verschiedene Pflanzen und Tiere wurden, als die Menschen die Natur in eine Kulturlandschaft umwandelten. (REICHHOLT 1983, 150). So ist zum Beispiel das Auerhuhn kein eigentlicher Moorbewohner. Es wich vor den ausgehenden Störungen menschlicher Siedlungen in die Moore. Hier findet es zuweilen noch jene Strukturen, die es im Nadelmischwald des Mittelgebirges und der Alpen ursprünglich antraf. (GERKEN 1983, 52).

Von Bedeutung ist auch die Funktion der Moore zur Rekonstruktion der letzten 4000 Jahre. In unseren Mooren sind unzählige Überbleibsel der Vergangenheit wie Waffen und Instrumente gefunden worden, die fast unzersetzt erhalten sind, da sie in den Mooren durch die Sauerstoffarmut konserviert wurden. Diese helfen uns, das Leben früherer Kulturen nachzuvollziehen. Am spannendsten wird dies an Moorleichen. Das sind Leichen, die bis zu 4000 Jahre in Mooren lagen und durch Zufall entdeckt wurden. Bis heute sind ihre Körper und Kleidung zum Teil sehr gut erhalten, sodass man sie sogar wiedererkennen würde, wenn man sie im lebenden Zustand gesehen hätte. (JESCHKE / SUCCOW 1986, 11).

8. Schluss

Doch bis heute sind Moore gefährdet. Durch fortschreitende Entwässerung vollzieht sich ein Rückgang moorspezifischer Arten. (DIERSSEN / DIERSSEN 2001, 155). Hinzu kommt die Umweltbelastung durch Schadstoffe, welche das Gleichgewicht im Moor stören und dadurch das ausgeglichene Verhältnis der einzelnen Pflanzenarten zueinander beeinträchtigen. (DIERSSEN / DIERSSEN 2001, 161).

Jedoch hat sich das Bewusstsein der Menschen geändert. Ihnen wurde klar, dass sie sich durch viele Maßnahmen in der Vergangenheit aktuelle Probleme wie z.B. Hochwasser, das ganze Stadtteile zerstören kann, geschaffen haben. Deswegen leitete man Projekte in die Wege, die manch Umweltvergehen wieder rückgängig machen oder zumindest die Ausmaße eindämmen sollen. So wurde 1967 zu diesem Zweck von der Internationalen Naturschutzunion (IUCN) unter der Schirmherrschaft der UNESCO das Projekt „TELMA" ins Leben gerufen, das die Erhaltung und den Schutz aller Moore in Europa zum Ziel hat.

1971 wurde bei der internationalen Konferenz zum Schutz von Feuchtgebieten, Wat- und Wasservögeln ein Konvent verabschiedet, das verpflichtet, Moore und Feuchtflächen, die für ziehendes Wasserwild essentiell sind, zu schützen. (JESCHKE / SUCCOW 1986, 243).

Heute gibt es in Deutschland etwa 1778 Moore, die unter Naturschutz stehen. Dies entspricht etwa einer Fläche von 321372 ha. (DIERSSEN / DIERSSEN 2001, 164). Doch es reicht nicht aus, diese Moore als Naturschutzgebiet zu kennzeichnen; viele von ihnen sind bereits so stark beschädigt1 worden, dass sie sich nicht mehr selber halten können. Deswegen wird die Regeneration von Mooren gefördert. Darunter versteht man das Wiederentstehen selbstregulierender, möglichst nährstoffarmer, torfbildender Moore. Dies ist jedoch ziemlich schwierig, da man ein Moor nicht einfach überfluten kann, um es zu revitalisieren. Denn wenn es erst einmal entwässert ist, verliert es die Eigenschaft, Wasser in sich aufzunehmen. Es entsteht ein Wasserüberstau. (JOOSTEN / SUCCOW 2001, 496).

Hinzu kommt, dass die natürliche Funktion der Vegetation am Moorrand bei Wasserüberstau unwirksam wird. Diese nimmt normalerweise den Großteil der Nährstoffe aus dem hinzugeführten Wasser auf und wirkt somit wie ein Filter. In das Innere des Moores gelangt im Idealfall nur nährstoffarmes Wasser. Bei Wasserüberstau ist dieser Filter jedoch außer Kraft gesetzt und die nährstoffarmen Moore werden nährstoffreich, was Konsequenzen auf die Vegetation hat. Entscheidend für den Erfolg solcher Maßnahmen sind deswegen geringe Schwankungen im Wasserstand. (JOOSTEN / SUCCOW 2001, 496).

Weitere Maßnahmen zur Erhaltung der Nährstoffarmut sind die regelmäßige Mahd von Seegerieden und Röhrichten sowie die Beseitigung von Gehölzwuchs. Laut neuen Erkenntnissen wurde dies in Mooren mit moosreichen Seegenriedvegetation schon in den vergangenen Jahrhunderten gemacht. (JOOSTEN / SUCCOW 2001, 497).

Insbesondere kleine Moore muss man vor der Vegetation ihres Umlandes schützen. Dazu wurden Gewässerrandstreifenprogrammen in die Welt gerufen, die derartige Moore mit Grasstreifen oder Gehölzsäumen umgeben. (JOOSTEN / SUCCOW 2001, 497).

Solche Revitalisierungsprogramme haben in Norddeutschalnd gezeigt, dass es für eutrophe und polytrophe sowie auch für sauer-mesotrophe Standorte möglich ist, ein erneutes Torfwachstum zu fördern. Jedoch ist dies für mesotroph basen- oder kalkreiche Moore bislang nicht gelungen, weshalb sie unter besonderem Schutz stehen sollten. (JOSSTEN / SUCCOW 2001, 497).

Dierssen, K./ Dierssen B. (2001): Moore: Ökosysteme Mitteleuropas aus geobotanischer Sicht. Stuttgart: Eugen Ulmer Verlag.

Gerken, B. (1983): Moore und Sümpfe: Bedrohte Reste der Urlandschaft. Freiburg: Rombach Verlag.

Joosten, H./ Succow, M. (2001²): Landschaftsökölogische Moorkunde. Stuttgart: Schweizerbart.

Overbeck, F. (1975): Botanisch-geologische Moorkunde. Neumünster: Karl Wachtholt Verlag.

Reichholf, J. (1988): Feuchtgebiete: Seen und Teiche, Flüsse und Bäche, Moore und Auen. München: Mosaik Verlag GmbH. (Steinbachs Biotopführer).

Jeschke, J./ Succow, M. (1986): Moore in der Landschaft: Entstehung, Haushalt, Lebewelt, Verbreitung, Nutzung und Erhaltung der Moore. Thun: Harri Deutsch Verlag.